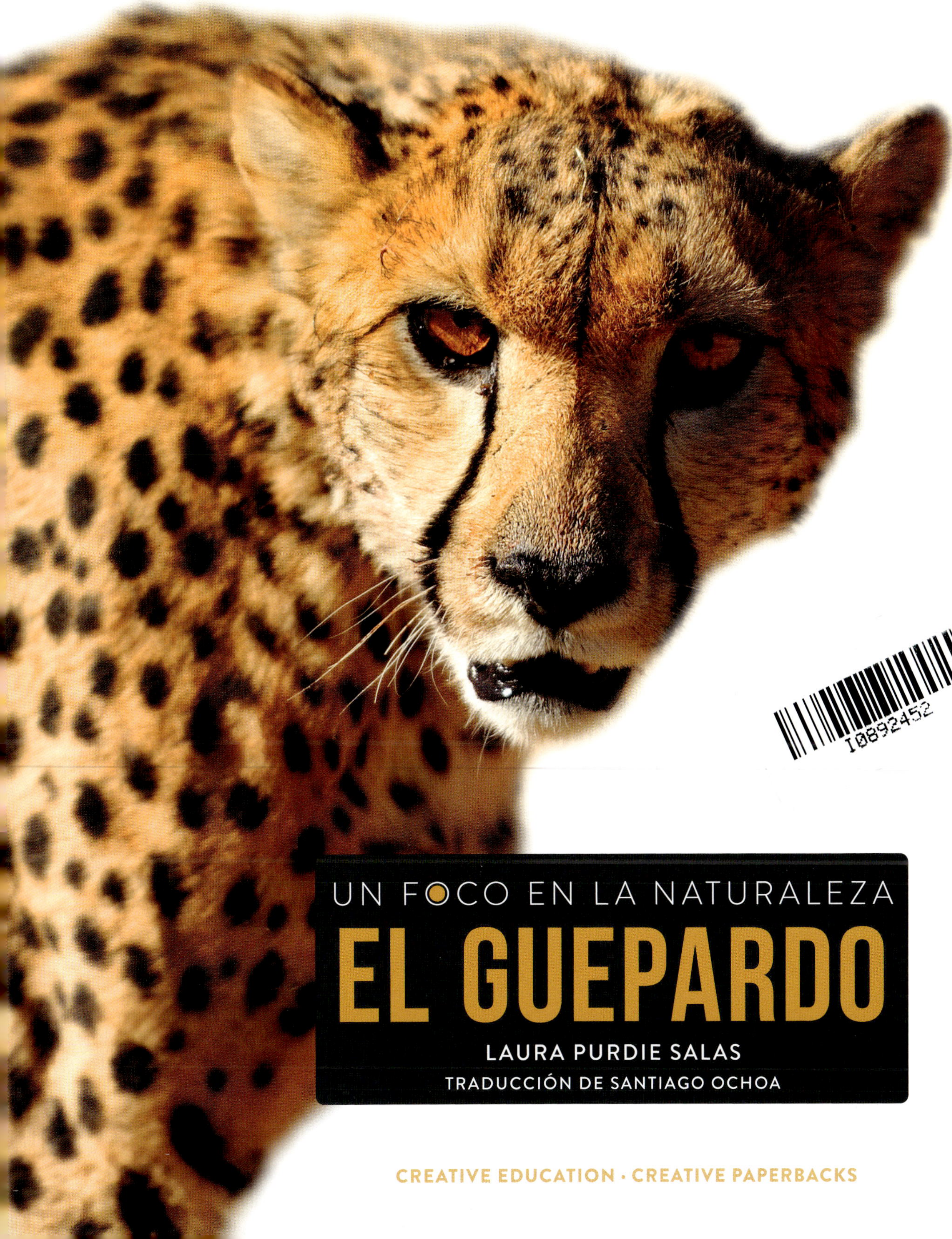

UN FOCO EN LA NATURALEZA

EL GUEPARDO

LAURA PURDIE SALAS

TRADUCCIÓN DE SANTIAGO OCHOA

CREATIVE EDUCATION · CREATIVE PAPERBACKS

Published by Creative Education and Creative Paperbacks
P.O. Box 227, Mankato, Minnesota 56002
Creative Education and Creative Paperbacks are imprints
of The Creative Company
www.thecreativecompany.us

Design by Rhea Magaro; production by Beeline Media & Design, Inc.
Art direction by Tom Morgan
Translated by Santiago Ochoa
Printed in the United States of America

Photographs by Alamy (Rob Schultz, Ann and Steve Toon, Lennjo, Ariadne Van Zandbergen), Getty Images (Matt Polski, Anup Shah, wilpunt), Shutterstock (Planetphoto.ch, Le Do, Julian W, Sunny_nsk, Victor Lapaev, slowmotiongli, Lost AI, stuiesk, GUDKOV ANDREY, Stu Porter, Hedrus, Mateo Juric, Maggy Meyer, Kevin Wells Photography, nwdph, Wirestock Creators)

Library of Congress Cataloging-in-Publication Data
Names: Salas, Laura Purdie, author.
Title: El guepardo / Laura Purdie Salas.
Other titles: Cheetah. Spanish Description: Mankato, Minnesota : Creative Education and Creative Paperbacks, [2025] | Series: Un foco en la naturaleza | Includes bibliographical references and index. | Audience: Ages 10-13 | Audience: Grades 4-6 | Summary: "Dash into the cheetah's world with our new book for mid-level readers, in Spanish. An engaging narrative of a cheetah family, captivating images, infographics, milestones, and resources make it perfect for young nature enthusiasts"-- Provided by publisher.
Identifiers: LCCN 2024003302 (print) | LCCN 2024003303 (ebook) | ISBN 9798889894650 (library binding) | ISBN 9781682776926 (paperback) | ISBN 9798889894735 (ebook)
Subjects: LCSH: Cheetah--Juvenile literature. | Cheetah--Life cycles--Juvenile literature. | Cheetah--Zimbabwe--Hwange National Park--Juvenile literature.
Classification: LCC QL737.C23 S22818 2025 (print) | LCC QL737.C23 (ebook) | DDC 599.75/9--dc23/eng/20240227

ÍNDICE

CONOCE A LA FAMILIA

LOS GUEPARDOS SURAFRICANOS

del Parque Nacional de Hwange

El Parque Nacional de Hwange es el mayor parque nacional de Zimbabue, un país del sur del continente africano. Con 5,863 millas cuadradas (15,185 kilómetros cuadrados), el parque es más grande que el estado de Connecticut.

Hwange está cubierto de praderas llanas y bosques. Cientos de **especies** animales, como elefantes, búfalos del Cabo, jirafas, antílopes, cebras, leones y guepardos, viven allí. Decenas de miles de visitantes vienen cada año a ver la vida salvaje.

Es un día cálido de mediados de febrero. Un guepardo hembra descansa a la sombra de una acacia. A lo lejos, los elefantes deambulan y un raficero común corre por la hierba. Una tropa de babuinos pasa deambulando.

La guepardo acolcha el suelo y se mueve incómoda. Algo está a punto de ocurrir. Durante 93 días, sus cachorros se han estado desarrollando dentro de ella. Sus músculos se contraen, y se ella se levanta sobre sus patas. Es hora de dar a luz.

PRIMER PLANO

Manto

Poco después de nacer, una melena espesa, suave y grisácea aparece en el lomo de los cachorros. Este pelaje ayuda a los indefensos cachorros a mezclarse con la hierba. Algunos expertos creen que también ayuda a regular la temperatura corporal de los felinos. El manto comienza a desaparecer después de unos meses.

CAPÍTULO UNO

LA VIDA COMIENZA

Los guepardos son grandes felinos salvajes. Los adultos miden alrededor de seis pies de largo (casi dos metros) y pueden pesar más de 140 libras (64 kilos). Estos animales larguiruchos tienen patas largas y delgadas, y pelajes leonados cubiertos de manchas negras. El patrón de cada animal es único, por lo que no hay dos guepardos idénticos. Llamativas rayas negras corren desde las esquinas internas de sus ojos hasta los lados de la boca.

La mayoría de los guepardos viven en las praderas del sur o del este de África. Allí, los pastos altos y secos ofrecen camuflaje para sus pelajes dorados.

Los guepardos son **carnívoros**. Sus comidas favoritas son las gacelas y los antílopes, pero también comen jabalíes y criaturas más pequeñas, como liebres. Los guepardos acechan a sus presas mientras se mueven lenta, silenciosa e invisiblemente a través de la hierba. Se acercan cada vez más. Cuando están lo suficientemente cerca, los guepardos desatan su velocidad y corren lo suficientemente rápido como para alcanzar a sus presas.

HITOS DEL GUEPARDO DEL SUR DE ÁFRICA

DÍA 1

- Nace.
- Ciego y sin dientes
- Pelaje oscuro con manchas que se mezclan.
- Peso: 8 onzas (227 gramos).

El guepardo es el animal terrestre más rápido del planeta. Puede pasar de estar quieto a correr a 60 millas (96 km) por hora en sólo tres segundos. Su cola actúa como un timón, ayudándole a zigzaguear de un lado a otro mientras persigue a su presa. Por lo general, la carrera termina en menos de un minuto. Para entonces, habrán atrapado a su presa o abandonado la persecución. Correr a toda velocidad es duro para el cuerpo de un guepardo. Los animales pueden mantener ese ritmo durante muy poco tiempo.

PRIMER PLANO

Caja de voz

Un guepardo no puede rugir, pero puede ronronear. Es el único gran felino con una caja de voz, o laringe, hecha completamente de hueso. Esta carece del ligamento elástico necesario para producir un rugido.

Como depredadores ápice, los guepardos dominan su cadena alimentaria. Ningún otro animal caza guepardos adultos, aunque a veces los leones se comen a las crías. Los depredadores ápice ayudan a mantener el equilibrio de las poblaciones animales. Sin guepardos, el número de gacelas y antílopes se dispararía. Los herbívoros con pezuñas comerían más hierba, lo que provocaría una mayor **erosión** del suelo. Los guepardos ayudan a mantener la cadena alimentaria y todo su ecosistema sano.

FAMLIA DESTACADA

Bienvenido al mundo

En el Parque Nacional de Hwange, el guepardo hembra gira en círculos. Pronto nace el primer cachorro. Está dentro de un saco amniótico, una membrana llena de líquido. La madre lame a su cachorro. Esto limpia la membrana y ayuda al cachorro a respirar aire. El cachorro se mueve, se estira y rueda. Veinte minutos más tarde, un segundo cachorro nace. El tercero llega once minutos más tarde. Menos de dos horas después de iniciado el trabajo de parto, cuatro cachorros de guepardo descansan en el suelo. Están ciegos, desdentados e indefensos. La madre exhausta los rodea con su cuerpo.

Aunque los guepardos crecen y se convierten en cazadores rápidos y feroces, los cachorros recién nacidos están indefensos. Pesan menos de una libra (0.5 kg) al nacer y son ciegos y débiles. Dependen de la leche de su madre. Una madre guepardo sale a cazar la mayoría de los días. Debe comer con regularidad para mantenerse fuerte y producir suficiente leche para sus hambrientos cachorros. Mientras ella caza, los cachorros permanecen solos en una madriguera. La madre mueve a los cachorros cada pocos días mientras viaja alrededor de sus territorios de caza. Pronto, los cachorros crecen mucho más fuertes.

1 SEMANA

- Abre los ojos.
- Se arrastra.
- Le crece un manto claro a lo largo del lomo.

6 SEMANAS

- Le salieron dientes.
- Sigue a la madre en las cacerías.
- Empieza a comer carne.

PRIMER PLANO

Garras semirretráctiles

A diferencia de otros grandes felinos, los guepardos no pueden retraer completamente sus garras. Siempre las tienen al menos parcialmente extendidas. Esto ayuda a los guepardos a mantener la **tracción** y el equilibrio, incluso cuando zigzaguean por la hierba a gran velocidad. El nombre científico de los guepardos es *Acinonyx jubatus*. *Acinonyx* significa «garras que no se mueven» en griego.

FAMLIA DESTACADA

La primera comida

Los cachorros no pueden comer alimentos sólidos. No tienen dientes y dependen únicamente de la leche materna. A la hora de alimentarse, los cachorros se acurrucan junto a su madre. Cada cachorro se agarra a un pezón para tomar leche rica en nutrientes. Este es el único alimento que tendrán durante las primeras seis semanas. Después, les saldrán los dientes. Entonces tendrán las herramientas que necesitan para empezar a comer carne. Incluso entonces, seguirán siendo amamantados hasta que tengan entre tres y seis meses.

El **guepardo** es el animal terrestre MÁS RÁPIDO del **planeta**.

64 mph (103 kph): guepardo

43 mph (69 kph): galgo

28 mph (45 kph): el ser humano más rápido

4 MESES

- El manto comienza a caerse.
- Menos lactancia.
- Abandona regularmente la madriguera.
- La madre y los cachorros siempre están juntos.

PRIMER PLANO

Vista

Los guepardos tienen una visión potente. Sus ojos están en lo alto de sus cabezas. Cuando miran hacia la sabana, pueden tener una vista de 210 grados. En comparación, los humanos sólo podemos ver 140 grados.

CAPÍTULO DOS

LAS PRIMERAS AVENTURAS

Cuando tienen unas seis semanas, los guepardos jóvenes abandonan la madriguera. Están ansiosos por explorar la **sabana**. Pero los cachorros aún son vulnerables, y la madre siempre permanece cerca. El peligro está en todas partes. Los leones, los leopardos y las hienas cazan cachorros de guepardo.

Los depredadores no son la única amenaza. Las enfermedades son comunes. El ántrax, la enfermedad más mortal para los guepardos salvajes, es causada por bacterias que hay en el suelo. La falta de alimentos también es una amenaza. En algunas zonas, nueve de cada diez guepardos mueren antes de la edad adulta. La mayoría mueren de enfermedad o hambre. Es esencial que los cachorros aprendan excelentes habilidades de caza para aumentar sus posibilidades de supervivencia.

Observando a su madre, los cachorros aprenden a acechar, **emboscar**, perseguir y matar. Practican estos comportamientos jugando con sus hermanos. Los cachorros jóvenes son torpes, pero con cada semana que pasa crecen más rápido y se vuelven más fuertes y ágiles.

(6) MESES

- Observa atentamente a la madre para aprender comportamientos de caza.
- Mejora sus habilidades mediante juegos bruscos.

(12) MESES

- Se sube a los árboles para practicar el equilibrio.
- Empieza a participar en las cacerías de la madre.

FAMLIA DESTACADA

Mira quién los sigue

Durante seis semanas, la madre dejó solos a sus cachorros todos los días mientras cazaba. Pero ahora los cachorros se han desarrollado lo suficiente como para unirse a ella. Cada día, siguen a su madre a un nuevo lugar. Ella caza mientras los cachorros observan y exploran. Hoy, un erizo se acerca. Una cachorra curiosa lo olfatea. Agacha la cabeza y se hace un ovillo de púas espinosas. La cachorra gruñe y empuja al erizo, pero este no corre. ¡La cachorra quiere perseguir algo! Pone la pata sobre el erizo y lo olisquea profundamente. Las afiladas púas le pinchan la pata y la nariz. La cachorra aprende que un erizo no es un buen compañero de juegos.

Los guepardos se alimentan principalmente de gacelas y antílopes. Dependen de su excepcional vista y velocidad para cazar. La madre guepardo es la cazadora principal, pero los cachorros ayudan tanto como pueden.

A medida que crecen, la madre pasa menos tiempo con ellos. Cuando tienen alrededor de un año y medio de edad, es hora de que los cachorros establezcan sus propios territorios. La madre sale a cazar un día y no regresa. Los hermanos permanecen juntos unos meses más para perfeccionar sus habilidades de caza.

Cuando las hembras tienen edad suficiente para aparearse, los cachorros se separan. Los cachorros machos suelen cooperar para cazar juntos y defender su territorio compartido. Las hembras viven solas y cazan en un territorio amplio.

(18) MESES

- La madre se va para siempre.
- Permanece cerca de sus hermanos.
- Caza su propia comida con la ayuda de sus hermanos.
- Sigue perfeccionando sus habilidades de caza.

PRIMER PLANO

Conos y bastones oculares

Los ojos del guepardo están adaptados para cazar a la luz del día. En comparación con otros grandes felinos, sus retinas contienen más conos y menos bastones. Esto refuerza su visión diurna.

FAMLIA DESTACADA

Inténtalo

La madre suele sentarse en un termitero para detectar presas. La cachorra se aleja y busca un punto de observación aún más alto: una acacia. Los leopardos y otros felinos son excelentes escaladores. Los guepardos no. Sus garras no retráctiles se desafilan de tanto golpear el suelo. Las garras romas no se agarran bien. Aun así, el cachorro trepa hasta una rama baja. Observa elefantes y gacelas saltarinas. Entonces se da cuenta de que bajar es aún más difícil que subir. Tras un tropiezo y un salto, vuelve al suelo.

LOS GUEPARDOS aprenden a ACECHAR, EMBOSCAR, PERSEGUIR y CAZAR JUNTOS.

2 AÑOS

- Se separa de sus hermanos.
- Las hembras están listas para reproducirse.
- Las hembras se van a vivir solas.
- Los hermanos machos pueden permanecer juntos.

PRIMER PLANO

Columnas vertebrales flexibles

De todos los grandes felinos, los guepardos tienen las columnas vertebrales más largas comparadas con su extensión total. Sus columnas vertebrales son extremadamente flexibles. Sus **vértebras** se agrupan y luego se expanden con cada zancada, como un resorte.

CAPÍTULO TRES

LECCIONES DE VIDA

La mayoría de los guepardos viven en el África subsahariana. Una pequeña población de guepardos permanece en Irán, un país de Oriente Medio. Los grandes felinos se han adaptado a muchos hábitats, como praderas, sabanas y desiertos. Una cosa que los guepardos necesitan en cualquier hábitat es mucha tierra abierta. Esto les permite utilizar su herramienta de caza más poderosa: su extraordinaria velocidad.

Los guepardos presentan muchas adaptaciones que los hacen perfectos para su entorno y sus técnicas de caza. Tienen cuerpos largos y delgados. Sus flexibles columnas vertebrales les permiten hacer maniobras rápidas mientras persiguen a sus presas. Los guepardos incluso tienen conductos nasales y pulmones muy grandes, por lo que obtienen suficiente oxígeno mientras corren a toda velocidad. Su pelaje claro y moteado les permite desaparecer entre la hierba alta. En comparación con otros grandes felinos, los guepardos son ligeros. Esto los ayuda a acechar silenciosamente y acercarse sigilosamente a su presa.

(2.5) AÑOS

- Los machos deambulan hasta encontrar un territorio que puedan defender.
- Las hembras se desplazan por zonas que coinciden con varios territorios de machos.

(3) AÑOS

- Los machos viven en territorios de hasta 50 millas cuadradas (130 km^2).
- Las hembras viven en territorios de 300 millas cuadradas (800 km^2) o más.

Pero los dientes de los guepardos son pequeños. ¡Por eso no quieren pelearse con los leones!

Entre los 20 y los 24 meses, los guepardos alcanzan la madurez sexual. Ya son lo bastante mayores para aparearse. Cuando una hembra está lista para aparearse, orina en árboles y rocas. Los machos compiten entre sí para ganar la oportunidad de aparearse con ella. El embarazo dura entre 90 y 95 días. Después da a luz a una camada de tres a cinco cachorros. La madre guepardo permanece con sus cachorros entre 12 y 18 meses. Ese es el tiempo que tardan los cachorros en estar preparados para vivir de forma independiente. Cuando los cachorros se independizan, la madre guepardo se reproduce y vuelve a empezar el ciclo.

Las hembras adultas sin cachorros llevan una vida solitaria. Pero los machos adultos a veces viven en pequeñas **coaliciones** con sus compañeros de camada. Los hermanos defienden su territorio y a veces cazan juntos. En libertad, los guepardos viven entre 8 y 12 años.

FAMLIA DESTACADA

Así se hace

Durante seis meses, los cachorros han visto cazar a su madre. Han practicado el acecho, la persecución y el ataque mutuo a lo largo del verano. Ahora, con ocho meses, están listos para el siguiente paso. La madre persigue a un impala, pero lo suelta antes de que muera. Los cachorros corren tras el animal debilitado. Zigzaguean. El impala tropieza y cae. Los cuatro cachorros se suben a él y le muerden el cuello para asfixiarlo. Su madre arrastra al impala a un lugar oculto para que los leones no se roben la primera presa de los cachorros.

PRIMER PLANO

Fosas nasales

Las grandes cavidades nasales significan que el cráneo de un guepardo tiene menos hueso. Eso hace que su cabeza sea más ligera, por lo que puede mantener la cabeza y el cuello inmóviles mientras corre. Los agujeros nasales de gran tamaño también permiten al guepardo tomar mucho oxígeno. El oxígeno adicional se utiliza mientras tiene la boca cerrada para asfixiar a su presa.

3.5 AÑOS

- Las hembras dan a luz a la primera camada.
- Son más activas por la mañana y por la noche.

8 AÑOS

- Las hembras dan a luz a su cuarta camada.
- Los dientes rotos dificultan la caza.

Los guepardos son importantes para su entorno. Ayudan a evitar la superpoblación de animales herbívoros. Los guepardos atacan sobre todo a los animales más débiles y lentos. Esto refuerza la población total de animales de presa. Mantener bajo control el número de animales de pastoreo también ayuda a proteger la tierra. El pastoreo excesivo debilita el sistema radicular de la hierba y erosiona el suelo. En todos los hábitats, los seres vivos colaboran para sobrevivir. Cuando la población de una especie crece demasiado o disminuye demasiado, todas las demás especies también se ven afectadas.

Con su impresionante velocidad y sus características manchas, los guepardos son animales majestuosos y hermosos. Son **embajadores** del continente africano y una parte vital de sus hábitats.

PRIMER PLANO

Músculos de contracción rápida

Las fibras musculares de un animal pueden ser de contracción rápida o lenta. Las fibras de contracción rápida pueden contraerse más rápidamente. Los músculos de un guepardo contienen un alto porcentaje de fibras de contracción rápida. Los guepardos contraen y liberan los músculos de las patas muy rápido.

FAMLIA DESTACADA

La práctica hace al maestro

La joven guepardo mata a una liebre. El pequeño roedor de color café rojizo sólo pesa cinco libras (2 kg). Tras echar un vistazo a su alrededor y ver que no hay grandes depredadores cerca, la cachorra hambrienta se lanza por su comida. Come deprisa, antes de que leones o hienas puedan arrebatarle la presa. Como los guepardos están hechos para la velocidad, y no para las peleas, evitan a otros grandes depredadores. Cuando la cachorra mata a un jabalí joven al día siguiente, arrastra al animal, que es más pesado que ella, a un escondite antes de comérselo.

LOS MAJESTUOSOS GUEPARDOS

son embajadores del continente africano.

(12) AÑOS

- Las hembras dan a luz a la última camada.
- Fin de la vida.

CAPÍTULO CUATRO

AYUDANDO A LOS GUEPARDOS A SOBREVIVIR

Hace doce mil años, los guepardos deambulaban por África, Asia, Europa y Norteamérica. Entonces llegó la Edad de Hielo. La mayoría de los guepardos no sobrevivieron. Sólo quedaron poblaciones de guepardos en África y Asia. Tan pocos que la especie perdió gran parte de su diversidad genética. Eso significa que los guepardos no tienen una variedad de **genes** que les ayuden a sobrevivir. Esto aumenta el riesgo de enfermedad y muerte de todos los guepardos.

A principios del siglo XX, alrededor de 100,000 guepardos deambulaban por las praderas abiertas. Hoy, sólo 7,000 guepardos sobreviven en libertad.

La escasa diversidad genética no es el único problema. Los guepardos necesitan grandes espacios abiertos para su territorio. Pero los humanos se han asentado en el 90 por ciento del área de distribución de los guepardos. Los espacios abiertos han sido sustituidos por ranchos y granjas.

Debido a todos estos problemas, los guepardos son increíblemente frágiles. ¿Esta especie podrá salvarse?

Eso es lo que desea el Fondo para la Conservación del Guepardo (CCF, por sus siglas en inglés). Este grupo del sur de África se centra en salvar a la especie protegiendo tanto al animal como a su hábitat. En uno de sus programas, proporciona perros guardianes de ganado a los granjeros (PGG). Muchos granjeros disparan y atrapan guepardos porque a veces matan al ganado. Los PGG protegen a los animales de granja ladrando y ahuyentando a los depredadores. Los granjeros con PGG son mucho menos propensos a matar guepardos.

En otro programa, la gente cosecha arbustos espinosos crecidos. Las plantas pueden convertirse en combustible y venderse. De este modo, la tierra produce dinero para sus propietarios. No tienen que cultivar la tierra para ganar dinero. La tierra sin explotar es una ganancia para los propietarios y para la fauna que depende de ella.

Algunos zoológicos de Estados Unidos colaboran con organizaciones como el CCF. Estos zoológicos trabajan para educar al público, recaudar fondos para la conservación del guepardo y participar en programas de cría. El zoológico de Cincinnati, en Ohio, recauda fondos para el CCF. En 2012, uno de los guepardos del zoológico corrió 100 metros en sólo 5.95 segundos. Eso lo convirtió en el mamífero terrestre más rápido del mundo.

Ayudar a los guepardos a sobrevivir requiere el esfuerzo de muchos grupos y personas. Pero todos ellos contribuyen a avanzar hacia un único objetivo: evitar la extinción de este hermoso animal.

INSTANTÁNEAS

DEL ÁLBUM FAMILIAR

El **guepardo sudafricano** es la subespecie más numerosa. Unos 4,300 viven en el sur de África. Eso es más de la mitad de la población mundial de guepardos que queda.

Turistas de todo el mundo van a África para observar animales salvajes como los guepardos sudafricanos. Este ecoturismo aporta dinero a la región.

Los **guepardos de África Oriental** son los más grandes. Viven principalmente en el Parque Nacional del Serengueti y en la Reserva Nacional de Maasai Mara.

La Reserva Nacional de Maasai Mara es famosa por su Gran Migración anual. Cada año, millones de gacelas, cebras y ñus recorren las llanuras.

Los depredadores, como los guepardos de África Oriental, siguen a las enormes manadas. No quieren hierba. Están listos para alimentarse de animales jóvenes, viejos y enfermos.

El **guepardo del noreste de África**, también llamado guepardo de Sudán, tiene unas características manchas blancas alrededor de los ojos.

En climas fríos, al guepardo del noreste de África le crece un esponjoso pelaje de invierno. Menos de 600 guepardos del noreste de África siguen vivos.

El **guepardo del noroeste de África** es escurridizo. Incluso los científicos que lo estudian casi nunca lo ven.

El guepardo del noroeste de África vive en pequeñas cantidades en las regiones del Sáhara y el Sahel. Este guepardo ha descubierto cómo sobrevivir en zonas desérticas calurosas sin fuentes de agua permanentes.

El **guepardo asiático** es el más escaso de todos. Alguna vez vivió en Asia central. Ahora sobreviven menos de 40 en libertad.

El guepardo asiático vive en los desiertos de Irán. Es más pequeño y de color más claro que los guepardos africanos.

PALABRAS que hay que saber

carnívoros Animales que comen principalmente carne.

coaliciones Grupos que trabajan conjuntamente para lograr objetivos; una alianza.

ecoturismo La práctica de visitar un lugar para contemplar su entorno natural y la vida salvaje.

embajadores Representantes o símbolos de algo.

emboscar Atacar por sorpresa desde un lugar oculto.

erosión Desgaste causado por el viento y el agua.

especies Grupos de seres vivos con características comunes y que pueden reproducirse entre sí.

genes Bloques de construcción que forman el ADN de los seres vivos y que determinan sus rasgos y características.

sabana Pradera con árboles ocasionales; casi la mitad de África está cubierta de sabanas.

subespecie Tipo o variedad de seres vivos dentro de una especie.

tracción Capacidad de adherirse a una superficie mientras se desplaza sobre ella.

vértebras Segmentos óseos que forman la columna vertebral de un animal.

Visita

CHEETAH CONSERVATION FUND

Esta organización acoge a visitantes para realizar visitas guiadas, conocer guepardos huérfanos y observar a los guepardos practicar sus habilidades de caza.

D2440, Otjiwarongo, Namibia, África

SAN DIEGO ZOO

Visita la exposición de guepardos y no pierdas de vista a los guepardos que pasean por el lugar con un especialista en animales salvajes.

2920 Zoo Drive
San Diego, CA 92101

CINCINNATI ZOO

Mira cómo un guepardo persigue una presa artificial en el espectáculo «Cheetah Encounter» (Encuentro con Guepardos).

3400 Vine St.
Cincinnati, OH 45220

SMITHSONIAN'S NATIONAL ZOO & CONSERVATION BIOLOGY INSTITUTE

Conoce a los guepardos en la «Cheetah Conservation Station» (Estación para la Preservación de Guepardos) del zoológico.

3001 Connecticut Ave. NW
Washington, DC 20008

ÍNDICE ALFABÉTICO